我是小燕子然然，热爱我们生活的地球，关心每一个有关环境保护的议题。

# 你不知道的雾霾

杨小阳 / 文　　姜　楠 / 图

我们总会遇到不同的天气：晴天、阴天、雨天、雪天、雾天……还有一种叫作“雾霾”的天气现象。一听到“雾霾”，大家都会皱眉头，这到底是什么样的天气现象呢？

中国和平出版社
China Peace Publishing House
北　京

# 雾霾像雾，又跟雾不一样

早上拉开窗帘，我们有时会发现外面雾蒙蒙的，看不清远处，这种现象不都是雾哟，也可能是雾霾。

雾是空气中悬浮着的小水滴或小冰晶形成的，而霾是空气污染导致的，它的成分是烟尘等一些悬浮在空气中的颗粒物。因为霾经常和雾一起出现，所以“雾霾”一词被大家习惯性地用来描述这种大气污染状态。

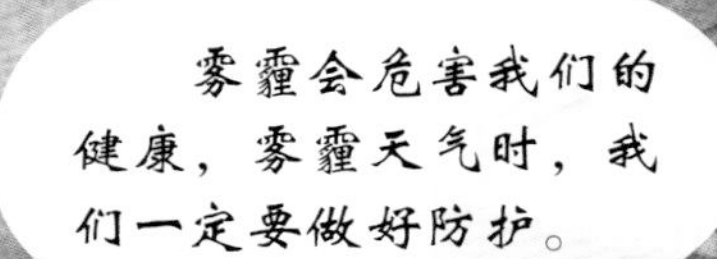

雾霾会危害我们的健康，雾霾天气时，我们一定要做好防护。

## 雾霾天气时要这样做

### 减少户外活动

尽量待在室内，少到户外，避免吸入户外的污染空气。

### 外出时必须戴口罩

戴口罩会让我们少吸入空气中的颗粒物。尽量挑选防霾功能强的口罩，并正确地戴上。

少把污染物带进室内

一到家就脱掉外衣，用正确的方法好好洗手、洗脸、漱口。

保持室内空气干净

少开窗户，不让户外污染空气飘进来。如有条件可以打开空气净化器。

# 空气中的颗粒物

形成雾霾的颗粒物就是大人们常说的 $PM_{2.5}$，指的是空气中直径最大只有2.5微米的一些非常非常小的颗粒物，它们能在空气中悬浮很长时间。我们还常常能听到 $PM_{10}$，这是直径最大只有 10 微米的颗粒物。

$PM_{2.5}$ 也叫“细颗粒物”“可入肺颗粒物”，$PM_{10}$ 也叫“可吸入颗粒物”。

这些颗粒物会随着呼吸进入我们的身体里，甚至会进到肺里，容易导致我们生病。

## $PM_{2.5}$ 有多小

PM 是英文 Particulate Matter（颗粒物）的缩写。

PM 后面的数字并不是颗粒物的实际大小。实际上颗粒物的形状千千万万，为了描述它们的大小，科学家把这些颗粒物想象成一个个的小球，用小球的直径来表示颗粒物的大小，称其为空气动力学直径。

$PM_{10}$ 包括 $PM_{2.5}$。

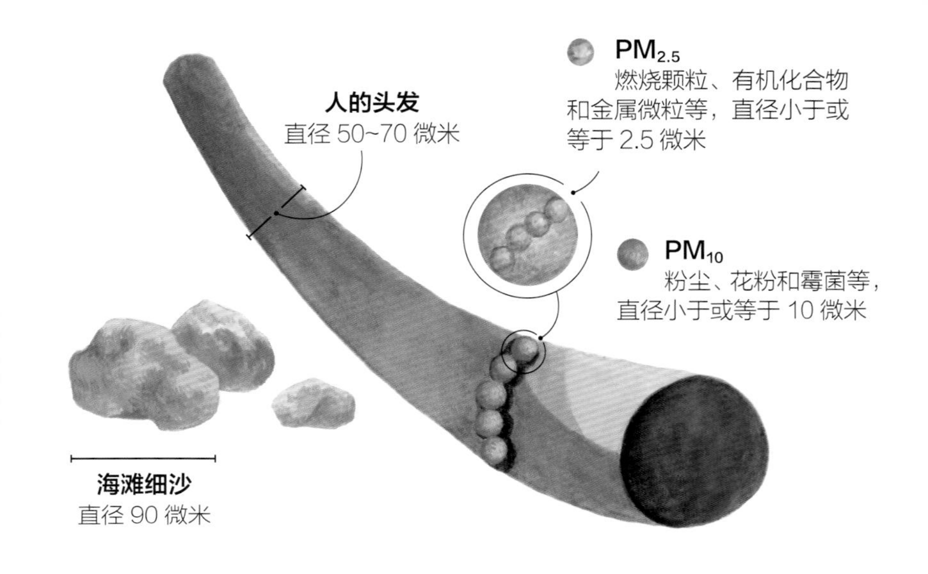

空气中的颗粒物主要来自扬尘、机动车尾气、化石燃料燃烧和工业生产等。

## 电子显微镜下空气中的颗粒物

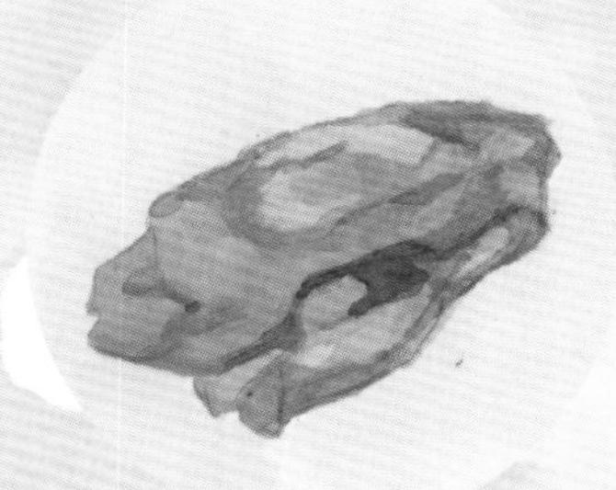

扬尘产生的颗粒物

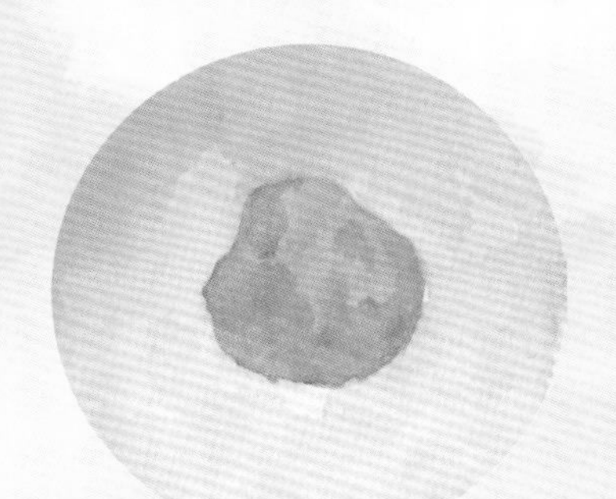
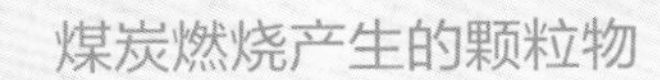

煤炭燃烧产生的颗粒物

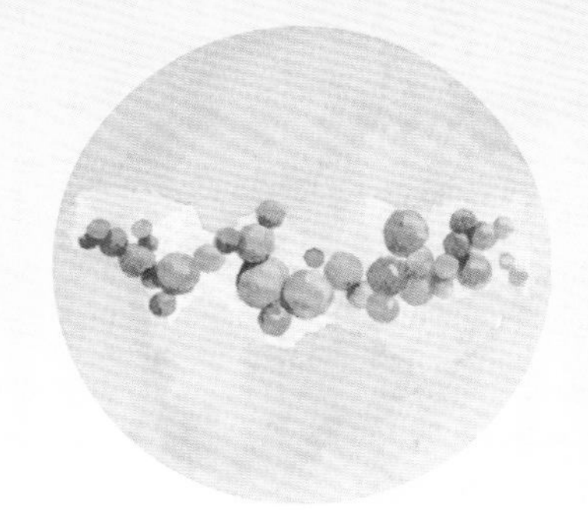
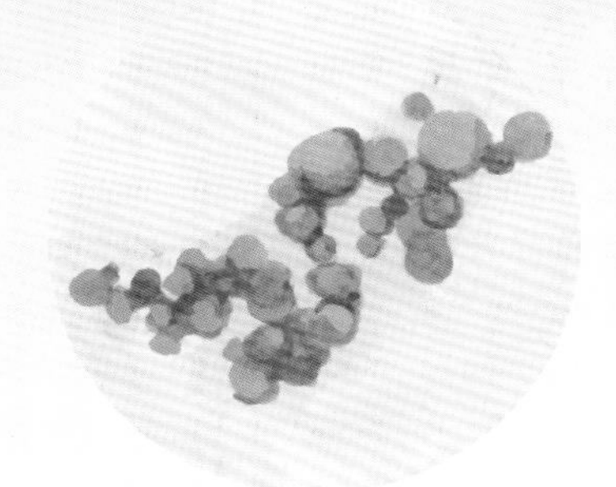

机动车尾气排放产生的颗粒物

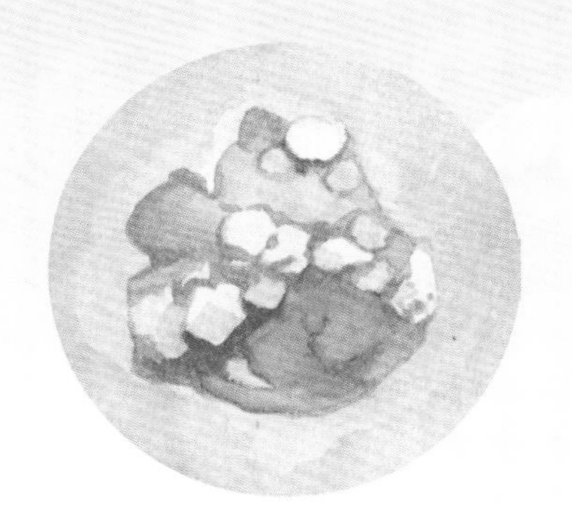

二次颗粒物

一出生就是颗粒物，被污染源直接排放进入大气的，是“一次颗粒物”。

刚出生时只是气体，在大气中经过很多复杂的化学反应后变成颗粒物的，是“二次颗粒物”。

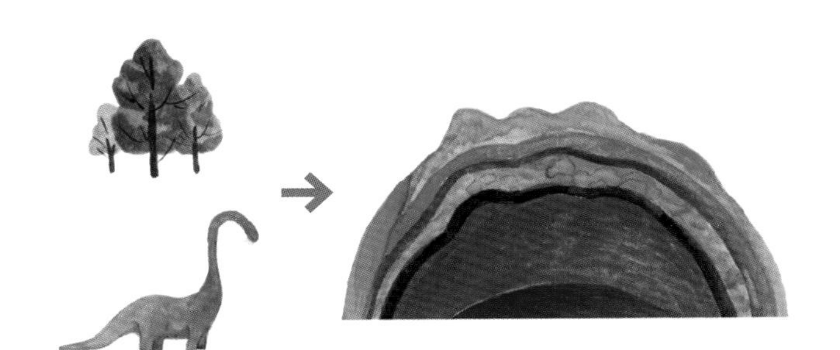

**小贴士**

化石燃料

蕴藏在地下的由古生物遗骸经过千百万年复杂变化而形成的燃料。煤炭、石油、天然气都是化石燃料。

## 沙尘暴也是颗粒物造成的一种污染天气

$PM_{2.5}$ 是形成雾霾天气的罪魁祸首，而 $PM_{10}$ 甚至更大的颗粒物则会导致沙尘暴产生，这也是一种恶劣的天气现象。

在我国，大部分的沙尘暴会短暂地出现在北方的春季。刮沙尘暴时，大风将地面的沙尘扬起，使人们看不清 1000 米甚至几米距离以外的任何东西。和雾霾天气一样，沙尘暴的危害有很多，比如给交通带来不便，对我们的健康有害等。但不同的是，沙尘暴带来的沙子和尘土对地球环境也有一定的益处。

## 沙尘暴对环境的益处

沙尘暴中的沙尘颗粒含有大量的氮（N）、磷（P）、钾（K）、钙（Ca）、镁（Mg）、硼（B）、铁（Fe）等矿物质，这些元素可以改良土壤，形成沃土，促进农作物丰收；还可以为海洋系统提供丰富的营养，从而促使海洋藻类植物生长，为海洋生物提供食物。

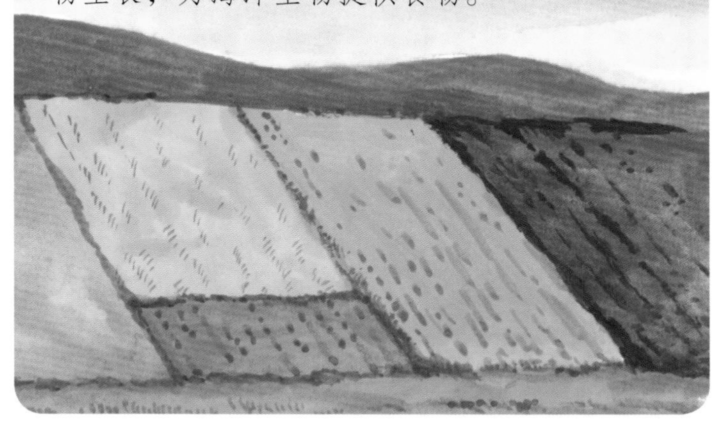

沙尘中所含的碱性物质（碳酸钙 $CaCO_3$）在传输过程中可以中和空气里的酸性物质（硫酸 $H_2SO_4$ 和硝酸 $HNO_3$），起到降低酸雨危害的作用。

**小贴士**

### 酸雨

酸雨指含有酸性物质的降水。它的危害有很多，包括危害土壤，使土壤酸化，影响植物正常发育甚至导致死亡；危害人类的健康，引起呼吸道疾病；腐蚀建筑物、机械和公共设施等。

# 距今 3000 多年前就有霾？

实际上，颗粒物导致的坏天气一直以来就存在。“霾”字的出现可以追溯到殷墟出土的甲骨卜辞，距今已有 3000 多年的历史！当时的古人用这个字来描述混浊的空气状态，其实就类似于现在的雾霾天气。

古人所说的“霾”，除很少一部分是人类活动所致以外，主要源于自然现象中的沙尘，也就是说，古代霾的主要来源是“自然源”。

大自然具有自我净化能力。在古代即使空气中有少量颗粒物，一刮风或下雨，它们很快就会被吹散或清除，不会对环境造成太大的影响。

**小贴士**

在距今 3000 多年前，龟甲上记录占卜的文字里就出现了“霾”这个字。这片甲骨记载的就是与霾有关的占卜情况。

唐代诗人李白的诗《大庭库》中有一句是“空霾邹鲁烟”。这里用“霾”来描述因战争中烽火硝烟导致的空气污染状态。

《全唐文》中的“爰初筑土，则雨霾烟嶂”，则是将建筑施工产生的扬尘污染称作霾。

## 现代雾霾来了

随着人类社会的发展，我们从古代社会迈入现代社会，生活发生了翻天覆地的变化。大量工厂出现，我们制造出越来越多、越来越方便的产品；汽车取代了马车，我们有了更快、更便捷的交通工具；电的使用让我们的黑夜亮如白昼，电器的出现让我们的生活更智能、更方便；我们住进了高楼大厦，用上更有效的取暖设施，实现了古人“大庇天下寒士俱欢颜”的人生理想……

我们的生活条件不断得到改善的同时，人类向大气中排放的污染物越来越多，逐渐超出了大自然的自净能力。直到有一天大家突然发现，有雾霾的天气越来越多，雾霾已经从古代社会的“自然源”为主，变成了现代社会因人类的生产和生活活动造成的“人为源”为主了。

道路上汽车排放的尾气和扬尘

工厂燃烧煤炭、石油来进行生产，向大气排放污染物

烧煤取暖产生污染物

建筑工地产生大量扬尘

# 科学家和政府的努力

减轻空气污染，保卫蓝天，我们有很多问题要解决。科学家根据自己的研究成果提出有针对性的污染防治建议；国家和地方政府根据科学家的建议制定政策，提供财政支持，推动环境问题尽快得到解决。

**小贴士**

科学家用无人机、卫星以及在各地建立监测站等方式来观测空气中的污染物，及时掌握空气污染水平，进行污染天气预报。

## 空气里的污染物

空气里的污染物有千千万。这些污染物，既有气态的又有固态或液态的，既有有机物也有无机物，种类繁多。不同物质之间还会发生各种反应，非常复杂。

科学家会研究空气里面到底有哪些污染物，这些东西来自哪里，对人类会有什么危害等问题。

# 工厂烟囱不再冒黑烟

广袤的大地上，无论是火力发电厂，还是钢铁冶炼厂，都耸立着大大小小的烟囱。以前，工厂烟囱冒出的烟不仅黑乎乎的很难看，更严重的是还含有大量的有害物质。经过人类过去几十年的不断努力，新型污染治理技术层出不穷，工业废气中大部分污染物在排放前就可以被去除掉，烟囱再也不会冒黑烟啦！

但是，人类目前的技术水平还不能使废气得到完全净化，仍然会有少量的污染物被排放到空气中。因此，这就需要科技工作者们继续努力，研制出更加先进的治污设施。

哇！工厂烟囱排出的气体干净了很多，我呼吸时也没那么难受了。

## 脱硫脱硝除尘工艺

烟囱排出的污染物包括烟尘、硫氧化物、氮氧化物等。

现在为了减少污染物的排放，工厂的废气在排出去之前，要经过除尘、脱硫和脱硝装置。顾名思义，废气经过这些装置，里面的颗粒物、硫氧化物和氮氧化物等污染物就会被去除。

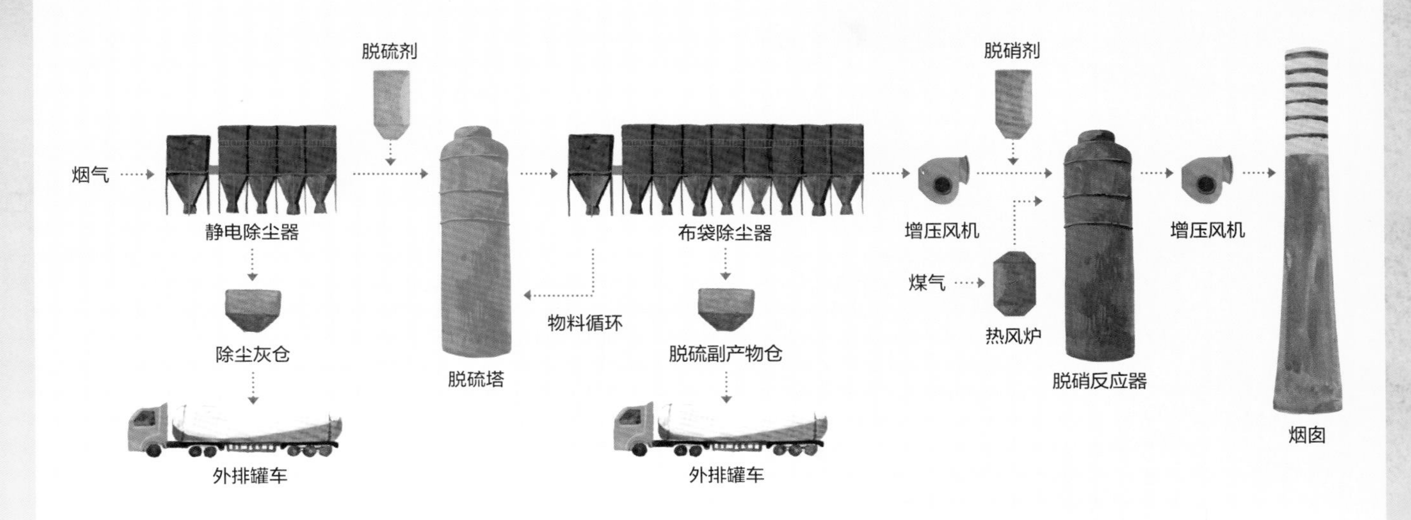


**小贴士**

烟囱中排放出的硫氧化物主要是二氧化硫和三氧化硫，氮氧化物主要是一氧化氮和二氧化氮，它们在空气中经过化学反应后，一部分会转化成颗粒物。

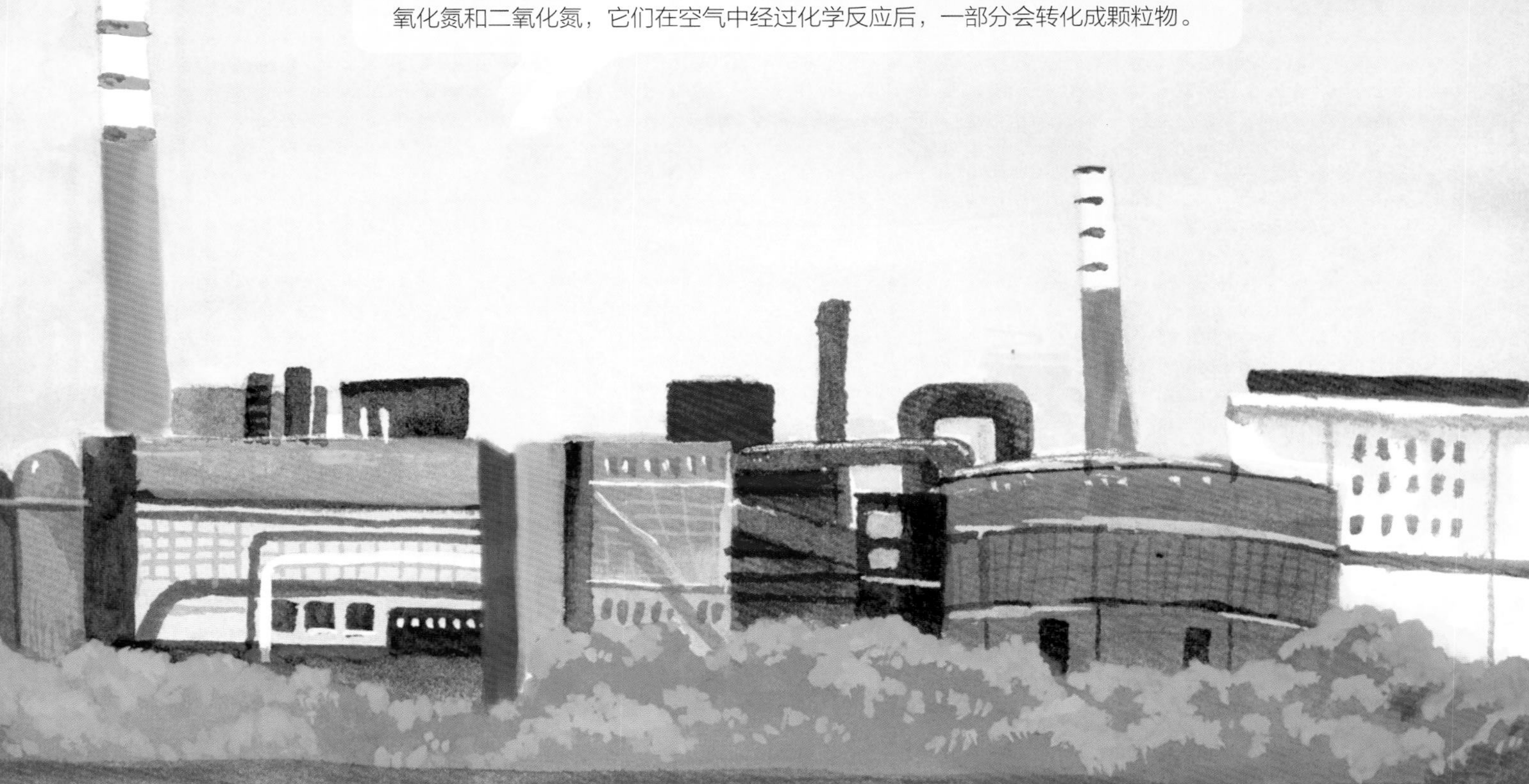

# 工地不再烟尘弥漫

工地上没什么灰尘啦！
建筑工地的边上都安装了微型传感器，可以实时监控 $PM_{10}$ 和 $PM_{2.5}$ 的污染水平，有的还会同时监控噪声水平。通过这个办法，可以随时提醒工人师傅注意减少扬尘和噪声污染。
防尘网可以阻止沙尘被风吹起。
工地扬尘监测系统
噪声：54.4dB
$PM_{2.5}$:27.7ug/m³
$PM_{10}$:44.3ug/m³

以前的建筑工地上经常是尘土飞扬，现在人们通过喷水雾或是把裸露的土地盖上防尘网等方式，减少了扬尘的产生。

# 马路上逐渐变得干净

近些年来，新式交通工具和环卫技术不断出现，人们开始选择更加环保的方式出行，以往道路上尘土飞扬、汽车尾气弥漫的景象再也见不到啦！

洒水车可以避免扬尘的产生，那些具有高压冲洗功能的洒水车还可以把路面上的尘土直接冲刷到路边，再由清扫车吸走。
加快地铁等城市基础设施建设，方便大家利用公共交通出行。
洒水车
汽车上的“EV”字母和小电池图标就是电动汽车的标志。电动汽车没有尾气排放，对雾霾问题的解决很有意义。

马路上很少闻到汽车尾气的味道，也几乎看不到尘土飞扬的景象了！
以前人们利用重型柴油车等尾气污染严重的车辆运输，现在改为用电气化铁路运输。
燃烧汽油或柴油的汽车，要安装对尾气进行净化的装置。
清扫车就像一个巨大的移动吸尘器，可以把路面上的尘土收集起来，有的清扫车同时具有洒水功能，这样路面就会被打扫得非常干净。
环卫扫地车

# 秸秆不再就地燃烧

收获的季节到了，千百年来人们都是把农作物收集好，然后把留在田间地头的秸秆烧掉。但是近些年人们意识到烧秸秆会污染空气，开始陆续使用其他方法处理秸秆。

人们不断开发出先进的秸秆处理和再利用方法

造纸、发电

把秸秆打包送去造纸厂造纸，或者送到发电厂燃烧发电。

建畜棚

把一部分秸秆变成家畜温暖的“家”。

秸秆还田

把秸秆粉碎后直接埋进田地。秸秆在土壤中腐烂分解，不仅可以给土壤提供养分，还能改善土壤质量。

# 从烧煤改为烧天然气

## 天然气的优点

与烧煤相比，燃烧天然气几乎不排放颗粒物，不会出现燃烧煤炭时排放的又黑又脏的烟，可以起到减少空气污染的作用。

燃气取暖炉

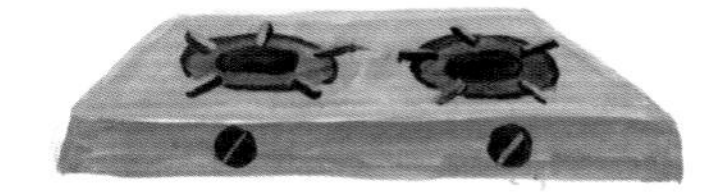

燃气灶

我国大部分地区的冬天都很寒冷。在北方，以前家家户户都是通过自己烧煤炉的方式取暖，但是烧煤炉直接排放的烟气没有经过任何处理，造成的污染特别严重。于是，人们采用相对清洁的燃料——天然气，代替煤炭来取暖，以减少污染物的排放。

天然气的开采 — 运输 — 储存

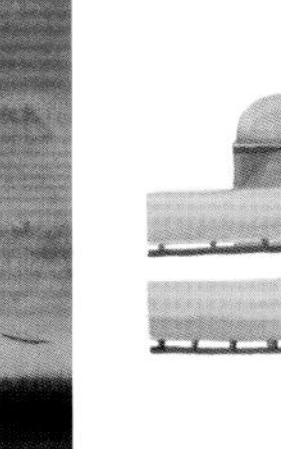

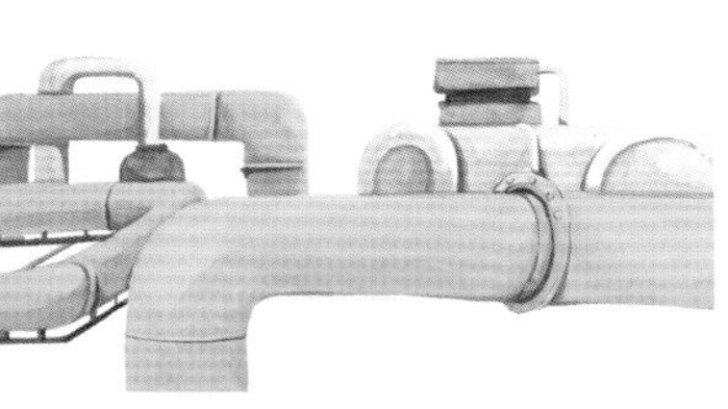

# 开发和利用更清洁的能源

我们再也不能接受没有电的生活，这就需要我们不断开发、利用更清洁的能源来发电。多利用阳光、风、潮汐、地热等大自然的能量，不断开发氢能、核能这样的新能源，就可以少烧煤炭，少烧石油，也能够更好地解决空气污染问题。

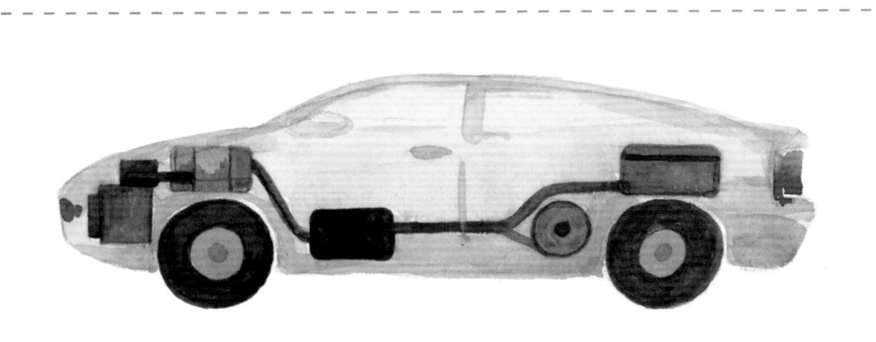

**氢 能**

氢气是一种非常清洁的燃料，它燃烧以后会生成水，不像汽油、柴油或者天然气那样会产生各种空气污染物。

**太阳能**

太阳给予地球的能量取之不尽用之不竭。目前，人们利用太阳的热辐射能来发电，或者给水加热。

**风 能**

风是由空气流动引起的一种自然现象。人们利用风吹转巨大风车的力量来发电。

### 核能

当原子核发生变化时会释放出巨大的能量。目前人们主要利用铀、钚、钍等核燃料在核反应堆中发生核裂变时释放出的热能发电。

### 潮汐能

由于地球受到太阳和月球引力的影响，大海会有涨潮和落潮的现象。人们把这种海水周期性涨落产生的能量用来发电。

### 地热能

地球内部蕴藏着灼热的岩浆，可以把地下水加热甚至形成高温水蒸气。人们用这种能量来发电，或者直接用于采暖、养殖以及洗浴等。

## 雾霾和气象也有关系

如果说污染物的排放是形成雾霾的内因，那么某些不利的气象条件则是形成雾霾的外因。事实上，雾霾和气象也有很大关系，不同的气象条件，会对雾霾产生不同的影响。

风

风会吹走空气中的颗粒物。如果不刮风或者风很小，污染物就不容易消散，雾霾就容易产生。

除了人为因素，不利气象条件也会促使雾霾天气形成。

湿 度

空气中湿度大的时候，气态污染物很容易变成颗粒物，同时颗粒物本身也会吸收水分逐渐长大，于是雾霾就会不断加重。

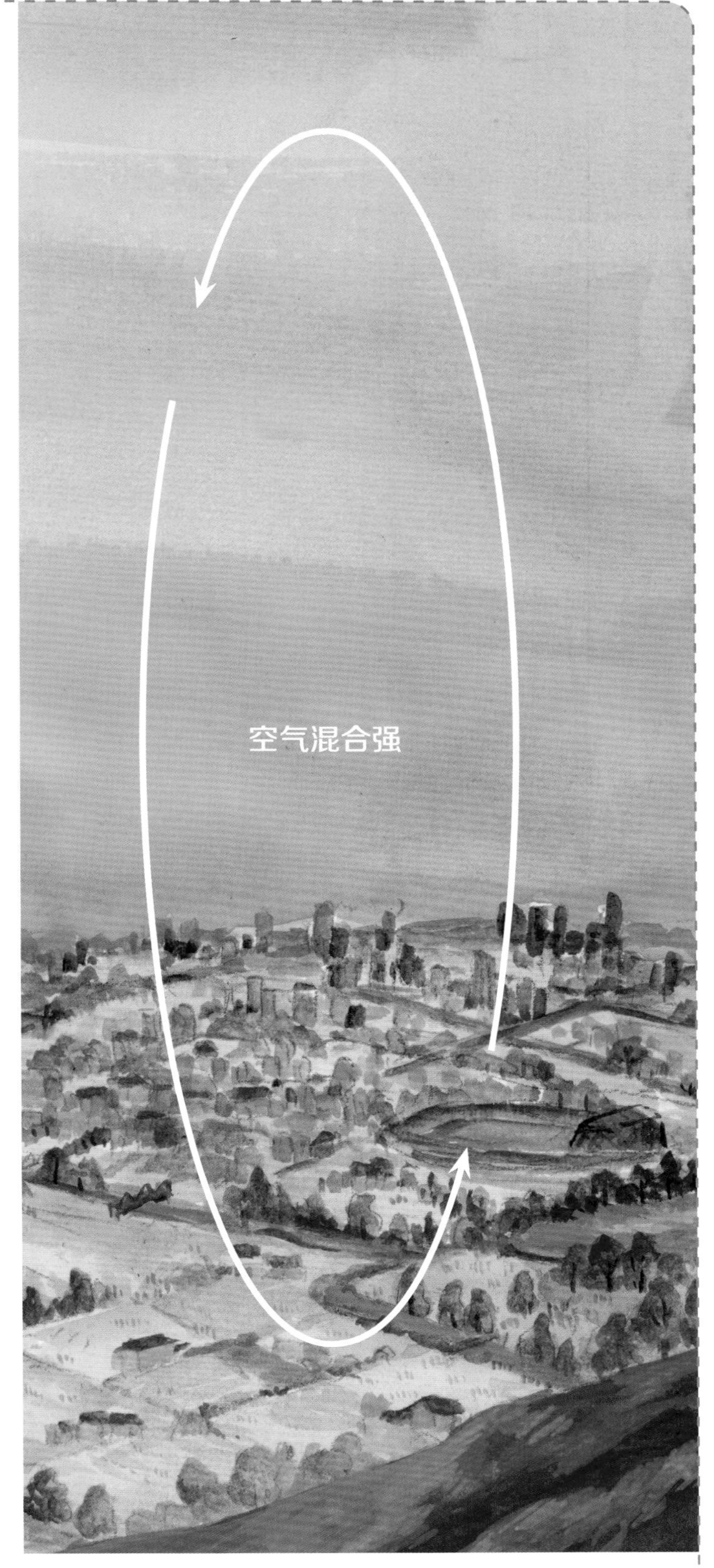


逆温现象

出现逆温现象时，高处的气温比低处高，低处的空气就无法向上流动，污染物在地表不断积累，当积累到一定程度时，雾霾就产生了。

其实在正常条件下，通常是高处气温低，而接近地面的气温高，这时空气的混合作用一般会比较强，有利于污染物扩散。

# 从雾霾到臭氧污染

经过人们的不懈努力，雾霾天气正在不断地减少，但人类和空气污染之间的斗争还远远没有结束。目前最令科学家头疼的是臭氧污染的问题，它比雾霾问题更难解决。

科学家们提出，下一步将要做的是“$PM_{2.5}$ 和臭氧协同控制”，就是在继续治理雾霾污染的同时，还要减少臭氧的生成。

## 难以对付的臭氧

首先，臭氧在大气中的寿命比较长，不会轻易消散，随着空气的流动可以移动到很远的地方，同时新的臭氧又不断地生成，于是被臭氧污染的区域会越来越大。

其次，生成臭氧的反应物种类繁多，化学反应非常复杂，并且，其中有一些反应物既可以生成臭氧，又可以生成 $PM_{2.5}$。

所以，要研究清楚臭氧是如何产生的，臭氧如何才能消散，如何从根源上解决臭氧污染的问题，需要科学家长期不懈的努力。

## 臭氧的两张面孔

臭氧在高空大气层（平流层）时可以吸收来自太阳的紫外线，保护地球上的生物不被晒死。

可是在近地面生成的臭氧对人体是有害的，它们被吸入呼吸道时，就会与人体细胞发生反应，导致肺功能减弱和组织损伤，使人出现咳嗽、喉咙肿痛、呼吸急促、呼吸道炎症、深呼吸困难甚至疼痛等症状。此外，臭氧还会危害植物。

臭氧对植物的危害

**小贴士**

在地表的臭氧是一种二次污染物，是工厂、汽车等排放到空气中的污染物（一次污染物）在阳光（紫外线）照射下发生化学反应后生成的。

# 减轻空气污染，我们可以做什么？

可以看到，治理空气污染需要各行各业、许许多多人的努力和配合。如果我们每个人都能付出自己的努力，积少成多，那么一年之中空气受到污染的天数就会越来越少。

小朋友们想一想，为减轻空气污染，我们能做些什么呢？

## 我们可以这样做

### 随手关灯、控制空调温度，节约用电

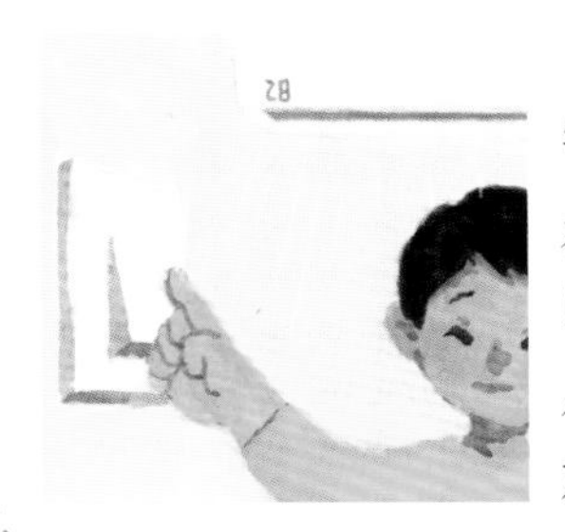

火电厂发电需要燃烧大量煤炭，节约用电可以减少煤炭燃烧，从而减少燃烧排放的污染物。

### 提醒爸爸妈妈绿色出行

利用公共交通工具或者骑自行车，就可以达到少排放或者不排放污染物的目的。

### 物尽其用，不乱买东西

所有物品生产出来都会消耗能源，不浪费东西就是在节约能源，从而减少因为能源消耗造成的污染物排放。

### 做好垃圾分类

做好垃圾分类，使可回收物被循环利用，就能达到节约能源的目的，减少消耗能源造成的污染物排放。

## 迎 燕

[宋] 葛天民

咫尺春三月，寻常百姓家。
为迎新燕入，不下旧帘遮。
翅湿沾微雨，泥香带落花。
巢成雏长大，相伴过年华。


### 图书在版编目（CIP）数据

你不知道的雾霾 / 杨小阳文 ; 姜楠图. -- 北京 : 中国和平出版社，2021.5
ISBN 978-7-5137-2012-0

Ⅰ. ①你… Ⅱ. ①杨… ②姜… Ⅲ. ①空气污染－污染防治－少儿读物 Ⅳ. ①X51-49

中国版本图书馆CIP数据核字(2021)第047787号

**你不知道的雾霾**　　杨小阳 / 文　　姜　楠 / 图

| | |
|---|---|
| 策　　划 | 许宁霄 |
| 统　　筹 | 文纪子 |
| 责任编辑 | 吕　杰 |
| 设计制作 | 姜　楠 |
| 责任印务 | 魏国荣 |
| 出版发行 | 中国和平出版社（北京市海淀区花园路甲 13 号 7 号楼 10 层 100088） |
| | www.hpbook.com　hpbook@hpbook.com |
| 出 版 人 | 林　云 |
| 经　　销 | 全国各地书店 |
| 印　　刷 | 北京瑞禾彩色印刷有限公司 |
| 开　　本 | 889mm×1194mm 1/16 |
| 印　　张 | 2.5 |
| 字　　数 | 25 千字 |
| 印　　量 | 1 ~ 10000 册 |
| 版　　次 | 2021 年 5 月第 1 版　2021 年 5 月第 1 次印刷 |
| 书　　号 | ISBN 978-7-5137-2012-0 |
| 定　　价 | 49.80 元 |

## 【作者介绍】

### 文字作者：杨小阳

中国环境科学研究院大气环境研究所研究员，环境科学专业博士，主要从事空气污染相关的研究工作。业余时间致力于环保科普工作，并积极参与科学类童书的创作和翻译，著有原创图画书《分好的垃圾去哪儿了》，译有图画书《地球博士的世界遗产迷宫之旅》等。

### 图画作者：姜　楠

银杏叶童书创始人之一。毕业于中央美术学院绘本创作工作室。在创作绘制图画书的同时，也从事图画书出版策划工作。出版图画书《长发妹》《好痒，好痒》《乐园》等。获得 2014 年天鹤奖中国国际青年设计师大赛优秀作品奖，第五届信谊图画书入围奖。

◆感谢中国环境科学研究院徐峻博士、中国科学院大气物理研究所吉东生博士、北京大学刘莹博士帮助校核书中的专业内容。
◆特别鸣谢中国工程院院士、北京大学教授张远航审订本书，并提供专业指导和建议。

【协助调研单位】
唐山市环境规划科学研究院（唐山市生态环境宣传教育中心）

* 书中甲骨文内容来源：《甲骨文合集》（郭沫若，中华书局，1991）

---

## 阅读反馈

尊敬的读者：

感谢您购买中国和平出版社的图书！我们的工作离不开您的支持。您看完本书后有哪些感受？请您讲一讲，并写在下面。

您对本书的总体感觉：

______________________________

______________________________

______________________________

______________________________

学校 ______________

班级 ______________

姓名 ______________

指导教师 ______________